中华人民共和国电力行业标准

农村住宅电气工程技术规范

Technical code for electrical engineering of
rural residential buildings

DL／T 5717—2015

主编机构：中国电力企业联合会
批准部门：国 家 能 源 局
施行日期：2015 年 9 月 1 日

中国电力出版社

2015 北 京

中华人民共和国电力行业标准

农村住宅电气工程技术规范

Technical code for electrical engineering of
rural residential buildings

DL / T 5717 — 2015

*

中国电力出版社出版、发行

（北京市东城区北京站西街 19 号　100005　http://www.cepp.sgcc.com.cn）

北京九天众诚印刷有限公司印刷

*

2015 年 8 月第一版　　2015 年 8 月北京第一次印刷

850 毫米×1168 毫米　32 开本　1.25 印张　26 千字

印数 0001—3000 册

*

统一书号 155123 · 2577　　　定价 **11.00** 元

前　言

根据《国家能源局关于下达 2012 年第二批能源领域行业标准制（修）订计划的通知》（国能科技〔2012〕326 号）要求，编制组经广泛调查研究，认真总结实践经验，参考有关国际标准和国外先进标准，并在广泛征求意见的基础上，制订本规范。

本规范规定了农村居民自建房有关电气设备及装置的选择、安装及检验，有助于提高农村居民家庭安全用电水平和改善居住环境。

本规范由中国电力企业联合会提出，由电力行业农村电气化标准化技术委员会归口，由中国电力科学研究院负责具体技术内容的解释。

本规范主编单位：中国电力科学研究院

本规范参编单位：国家电网公司农电工作部

国网甘肃省电力公司

本规范主要起草人员：田革燊　欧阳亚平　张国庆　冯　斌

朱建军　盛万兴　王　利　王金丽

本规范主要审查人员：张莲瑛　朱金大　刘福义　陈俊章

蔡冠中　吴　平　张　灏　田宝怀

翟向向　赵宝光　陈志强　张　博

于增林　于晓牧　王凤臣　胡　驰

刘长林　朴在林　解　芳　许跃进

本标准在执行过程中的意见或建议反馈至中国电力企业联合会标准化管理中心（北京市白广路二条一号，100761）。

目　　次

Contents

1 总　　则

1.0.1 针对当前中国农村用电安全的现状，为进一步规范农村居民住宅电气安装、使用，防范农村住宅电气事故发生，制定本规范。本规范规定了农村居民自建房住宅有关电气设备及装置的选择、安装和检验等工作的相关技术要求。

1.0.2 本规范适用于工频交流电压1000V及以下低压供电的农村居民住宅的户内电气设备及装置的选择、安装和检验，包括对现有住宅进行集中整治或翻新改造。

2 术　语

2.0.1　用户　user

采用低压供电的农村居民用电客户。

2.0.2　电源进线　power incoming line

从计量电能表出线至用户院（屋）内总电源控制装置之间的线路。

2.0.3　开关装置　switchgear

由断路器（熔断器）、剩余电流动作保护装置（漏电保护器）、刀闸等元件组成的，可接通和断开户（屋）内全部或部分电力的控制电器组合。

2.0.4　保护线　protecting earthing

连接电器设备外露可导电部分与保护接地体或保护中性线的导线。

2.0.5　户保　household protection

安装在用户电源进线处的剩余电流动作保护装置，亦称"家保"。

2.0.6　末级保护　grid end protection

用于保护单台电器设备（工器具）的剩余电流动作保护装置。

2.0.7　相线　phase line

俗称"火线"，是指从配电变压器每个绕组始端（与中性点相对）引出，对地电压为220V的连线。

2.0.8　零线　null line

俗称"地线"，是指从配电变压器绕组相连接的尾端引出，直接接地的连线。

3 基 本 规 定

3.0.1 用户选用的导线、开关、插座、剩余电流动作保护装置等电气装置、设备，应符合国家现行有关标准，容量满足最大负荷使用要求。

3.0.2 用户选用的剩余电流动作保护装置及其他电器设备，应通过国家强制性产品认证（3C 认证），并优先选用有保险公司对其质量进行承保的产品。

3.0.3 农村住宅电气装置的安装应符合国家现行有关安全技术标准的规定，并满足本规范的要求。

3.0.4 农村住宅电气装置安装（改造）工程的承揽人，应持有有效的电气装置施工安装资质，并为其所承揽的安装工程质量负责。

3.0.5 农村住宅电气装置绝缘电阻值不应小于 0.5MΩ，户内接地电阻值不应大于 10Ω。

3.0.6 农村住宅电气装置安装完毕并经自检合格后，向供电企业提出接（送）电申请；受电装置经供电企业检验合格后，方可接电。

4 电 源 引 入

4.1 电 源 进 线

4.1.1 电源进线宜选用铜芯绝缘导线，其截面应根据用户用电负荷确定，不应小于 4mm²；选用铝线时，其截面不应小于 10mm²。

4.1.2 采用架空方式敷设时，电源进线对地面的垂直距离不宜小于 2.5m；穿墙时应套硬质绝缘阻燃套管，套管应内高外低，两端露出墙壁部分不应小于 10mm。电线在室外应做滴水弯，滴水弯最低点距地面小于 2m 时，电源进线应加装绝缘护套。

4.1.3 电源进线采用地埋方式敷设时，导线埋深不宜小于 0.8m。自导线埋设处至用户总开关装置之间应套硬质绝缘阻燃套管，导线在套管下端预埋适当裕度。

4.1.4 电源进线与信息通信、广播电视等弱电线路应分开进户和敷设，严禁使用同一穿墙或埋设套管。电源进线与弱电线路交叉时，其垂直距离不应小于下列数值：电源进线在上方时 0.6m，电源进线在下方时 0.3m。

4.2 配 电 装 置

4.2.1 电源进线进入户内后，应首先接入总配电箱（盘）。两层及以上的居民自建房应在每层设置分配电箱，其电源应从总配电箱内独立引出。配电箱底边距离地面高度不应小于 1.2m，并安装在用户便于操作的地方。

4.2.2 配电箱中应包含总开关、分路控制开关、剩余电流动作保护装置等。

4.2.3 配电箱内的开关装置应能同时断开相线和零线。

4.2.4 配电箱内的开关装置应具备短路保护功能，有条件的可增加过负荷保护功能。

4.2.5 总配电箱、分配电箱内的断路器、剩余电流动作保护装置的动作电流、时限等应相互配合，实现分级保护。

4.2.6 配电箱内应配置有断路器保护的照明供电回路，一般电源插座回路及空调、电炊具、电热水器等专用的电源插座回路。

4.2.7 厨房的电源插座和卫生间的电源插座应使用专用回路，且不宜采用同一回路。

4.2.8 水泵、家庭农产品加工设备等较大功率或易发生安全故障的用电装置，其电源应从配电箱独立引出，并配置相应的开关和保护装置。

5 接地及接零保护

5.0.1 用户应统一使用户内总保护线（PE）接地方式（如图 5.0.1-1 所示）。特殊情况需要采用户内总保护线接零方式的（如图 5.0.1-2 所示），必须经过供电企业批准。严禁同一配变台区供电的不同用户或同一用户内部同时采用保护接地和保护接零的接地方式。

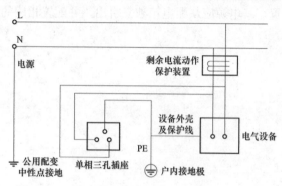

图 5.0.1-1　户内总保护线与户内接地极连接示意图

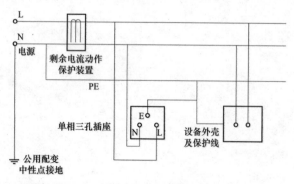

图 5.0.1-2　户内总保护线与电源中性线连接示意图

5.0.2 户内接地装置可通过水平或垂直埋设圆钢、扁钢、角钢等方式设置，埋深不应小于 0.6m；圆钢接地装置的直径不应小于 10mm，角钢、扁钢的宽度、厚度不应小于 25mm 和 4mm，截面不应小于 100mm²。

5.0.3 利用接地良好的地下金属管线等自然接地体时，应用不少于 2 根保护接地线在不同地点分别与自然接地体相连。禁止使用可燃液体或气体管道、供暖管道及自来水管道作保护接地体。

5.0.4 保护线与接地装置应通过螺丝可靠连接，严禁通过缠绕方式连接。

5.0.5 户内所有电气设备外露可导电部分、电源插座的保护接地端等，应通过专用保护线，与户内总保护线可靠连接。严禁利用其他用电装置的零线接地。

5.0.6 保护线应能满足在短路电流作用下热稳定的要求，铜线截面不宜小于 4mm²、铝线截面不宜小于 16mm²。

5.0.7 保护线应随导线同时敷设，接线牢固，电气接触良好。

5.0.8 灯具、开关、插座等设备的非带电金属部分与保护线的连接，应使用专用螺钉，严禁采取缠绕的方式进行连接。

6 剩余电流动作保护装置

6.0.1 用户必须安装使用剩余电流动作保护装置。

6.0.2 剩余电流动作保护装置应装设在户用计量装置出线侧，与其配合刀闸的电源侧，若将剩余电流动作保护装置安装在刀闸的负荷侧时，刀闸零线不得安装熔丝。

6.0.3 采用不带过电流保护功能，且需辅助电源的剩余电流动作保护装置（电子式保护器），应安装在与其配合的熔断器等过电流保护元件的电源侧。

6.0.4 剩余电流动作保护装置标有电源侧和负荷侧，应按规定安装接线，不得接反。

6.0.5 安装剩余电流动作保护装置时，零线（N）应接入保护器。通过剩余电流动作保护装置的零线不得重复接地，不得与保护线或设备外露可导电部分连接。

6.0.6 特殊情况下用户采用保护线接电源中性线时，户内总保护线应在进户总配电箱内剩余电流动作保护装置之前与电源中性线连接，户内相线、零线、保护线之间应保持良好绝缘，如图 5.0.1-2 所示。

6.0.7 剩余电流动作保护装置的安装场所应无爆炸危险、无腐蚀性气体，并注意防高温、防潮、防尘、防振动和避免日晒。剩余电流动作保护装置的安装位置，应避开强电流电线和电磁器件，避免磁场干扰。

7 户 内 布 线

7.0.1 户内布线宜选用塑料或瓷线夹、绝缘子等进行明敷设，或采用金属导管、绝缘阻燃导管进行暗敷设，金属导管应可靠接地。正常环境的室内场所和房屋挑檐下的室外场所，也可选用塑料槽板布线或直敷布线。

7.0.2 严禁任何情况下将导线直接敷设在墙体内、地面下、顶棚的抹灰层、保温层内，或将导线直接敷设在装饰面板内。建筑物顶棚内应采用金属电线保护套管或阻燃型绝缘保护套管布线，严禁采用塑料或瓷线夹、绝缘子等明敷或直敷方式布线。

7.0.3 户内布线应全部选用绝缘导线，导线交流额定电压不应低于500V，绝缘层应符合敷设条件要求，其截面应满足用电负荷和机械强度的要求。

7.0.4 直敷布线应符合下列规定：

1 直敷布线应采用护套绝缘电线，沿墙体、顶棚或建筑物构建表面进行敷设。

2 直敷布线导线截面不宜大于6mm²，固定线卡间距离不应大于0.3m。

7.0.5 塑料槽板布线应符合下列规定：

1 槽板应紧贴建筑物、构筑物表面敷设，且平直整齐。槽板底板固定间距应小于500mm，盖板固定间距应小于300mm。底板距终端50mm、盖板距终端30mm处均应固定。

2 槽板盖板在直线段上90°转角处，应以45°斜口相接，分支处应成丁字三角叉接，盖板应无翘角，接口应严密整齐，不应挤伤导线绝缘层。槽板与各种器具的底座连接时，应留有余量，底座应压住槽板端部。

3 一条槽板内应敷设同一回路或同一相导线，槽板内导线严禁有接头。

7.0.6 明敷布线应符合下列规定：

1 采用瓷线夹、鼓形绝缘子等进行明敷布线时，水平敷设的导线离地面距离不应小于 2.5m，垂直敷设的导线离地面距离不应小于 1.8m（室外不应小于 2.7m）；

2 线夹间的距离不应大于 0.6m，鼓形绝缘子间距离不应大于 1.5m。

7.0.7 导管布线应符合下列规定：

1 采用金属导管或绝缘导管敷设布线时，应将同一回路的相线、零线、保护线穿于同一根导管内；不同回路的线路不应穿于同一导管内（同一照明灯具的几个回路，或同类照明的几个回路绝缘导线少于 8 根时除外）。

2 3 根及以上导线穿于同一导管时，导线总截面积（包括保护层）不应超过导管内截面积的 40%。两根导线穿于同一根导管时，导管内径不应小于导线外径之和的 1.35 倍。

3 采用导管布线当导管较长或转弯较多时，应适当加装拉（分）线盒，两个拉线盒之间的距离应符合以下规定：

    1） 无弯的线路，不超过 30m；

    2） 两个拉线盒间有一个转弯时，不超过 20m；

    3） 两个拉线盒间有两个转弯时，不超过 15m；

    4） 两个拉线盒间有三个转弯时，不超过 8m；

    5） 当加装拉（分）线盒有困难时，应适当增大管径。

4 暗敷管道不宜穿越设备或建筑物、构筑物的基础，当必须穿越时，应加保护管；在穿过建筑物变形缝时，应设补偿装置。

5 绝缘导管暗敷设时，引出地（楼）面不低于 0.3m 的一段管路，应采取防止机械损伤的措施；明敷设时，宜在线路直线段部分每隔 30m 加装伸缩头或其他温度补偿装置。

6 导管内导线严禁有接头。

7.0.8 同一户内导线绝缘层的颜色选择应一致，并符合下列规定：相线（L）宜采用黄、绿、红三色导线；零线（N）宜采用蓝、淡黄、淡蓝或黑色导线；保护线宜采用绿/黄双色导线。

7.0.9 导线与插座、开关等所有电器端子的连接要用螺丝压接牢固，不得缠绕。

7.0.10 敷设前、后应对导线外观检查合格并使用 500V 兆欧表对导线进行绝缘检查，绝缘电阻不应小于 0.5MΩ。

8 插座、开关安装

8.0.1 插座的安装应考虑用电设备使用方便,采用低位置安装时,应使用有防误插功能的安全型插座,落地插座应具有牢固可靠的保护盖板。插座底边距地面高度不宜小于 0.3m;壁挂式空调、抽油烟机（排风扇）及浴室、卫生间的插座底边距地面高度不宜小于 1.8m。

8.0.2 在厨房、浴室、卫生间等潮湿场所,应采用密封良好的防水防溅插座。

8.0.3 插座的接线应符合下列要求:

1 单相两孔插座,面对插座的右孔或上孔与相线（L）相接,左孔或下孔与零线（N）相接;单相三孔插座,面对插座的右孔与相线（L）相接,左孔与零线（N）相接,上孔与保护线（PE）相接,如图 8.0.3 所示。

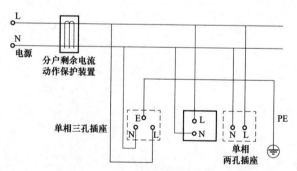

图 8.0.3　户内单相插座接线方式示意图

2 插座的保护接地极（E）在任何情况下都应与独立的保护线可靠连接,通过保护线与接地极连接。严禁在插座 （头）内将保护接地极与零线（N）连接在一起。

8.0.4 开关应控制相线,同一户内的开关宜采用同一系列的产品。开关的通、断位置应一致。

8.0.5 开关距地面高度不宜小于 1.3m；拉线开关距地面高度不宜小于 2.0m,且拉线出口应垂直向下。

8.0.6 严禁装设软电线引至床边的床头开关。

8.0.7 暗装的插座、开关应采用专用安装盒,安装盒的四周不应有空隙,且盖板应平正,并紧贴墙面。

8.0.8 移动式用电设备和电热水器等用电设备应选用带有专用漏电保护功能的插座或插头。

9 自备电源使用

9.0.1 用户自备小型发电设备在安装使用前必须向供电企业提出申请，办理相关手续。严禁用户私自将自备发电设备接入户内外低压线路。

9.0.2 用户安装有自备发电机的，应在总配电箱中安装双投刀闸，外接电源、自备发电机各接入刀闸一极。严禁用户擅自改变自备发电机接入点。

9.0.3 自备发电机与电网电源应采用"先断后通"的方式切换，并保证相线与零线同步切换。

9.0.4 用户使用的逆变电源，仅许用作个别专用设备的停电应急电源装置，严禁将逆变电源输出端接入户内低压线路。

9.0.5 用户安装使用太阳能、风力、水力等其他小型分布式电源，需要向电网输送电力的，应遵守国家和供电企业关于分布式电源并网使用的各项规定。

10 安 装 及 使 用

10.0.1 用户应当严格执行国家和电力行业关于用电装置安装、使用管理的各项法规和标准，负责自有产权用电装置的安装及维护工作，为电力管理部门或供电企业依法开展的检验工作给予协助，提供方便。

10.0.2 户内电器装置及其安装的质量，应符合环境要求和使用条件，符合国家相关的产品质量标准、规定。

10.0.3 用户应做好属于自有产权的用电装置及户内配线的日常维护工作。

本规范用词说明

1 为便于在执行本规范条文时区别对待，对要求严格程度不同的用词说明如下：

   1） 表示很严格，非这样做不可的：
   　　正面词采用"必须"；反面词采用"严禁"。

   2） 表示严格，在正常情况下均应这样做的：
   　　正面词采用"应"；反面词采用"不应"或"不得"。

   3） 表示允许稍有选择，在条件许可时首先应这样做的：
   　　正面词采用"宜"；反面词采用"不宜"。

   4） 表示有选择，在一定条件下可以这样做的，采用"可"。

2 条文中指明应按其他有关标准执行的写法为："应符合……的规定"或"应按……执行"。

引 用 标 准 名 录

《剩余电流动作保护装置安装和运行》GB 13955—2005

《低压配电设计规范》GB 50054—2011

《建筑物防雷设计规范》GB 50057—2010

《住宅设计规范》GB 50096—2011

《电气装置安装工程 电气设备交接试验标准》GB 50150—2006

《电气装置安装工程电缆线路施工及验收规范》GB 50168—2006

《建筑电气工程施工质量验收规范》GB 50303—2002

《1kV 及以下配线工程施工与验收规范》GB 50575—2010

《建筑电气照明装置施工与验收规范》GB 50617—2010

《用电安全导则》GB／T 13869—2008

《农村安全用电规程》DL 493—2001

《农村低压电力技术规程》DL／T 499—2001

《农村电网剩余电流动作保护器安装运行规程》DL／T 736—2010

《民用建筑电气设计规范》JGJ 16—2008

中华人民共和国电力行业标准

农村住宅电气工程技术规范

DL/T 5717－2015

条 文 说 明

制 定 说 明

《农村住宅电气工程技术规范》DL/T 5717—2015，经国家能源局 2015 年 4 月 2 日以第 3 号公告批准发布。

本规范制定过程中，编写组进行了国内外农村住宅电气技术应用的调查研究，立足于我国农村住宅工程建设、电气设备及材料的选型安装的现状，同时参考了国外先进技术法规、技术标准及管理要求。

为便于广大设计、施工、科研、学校等单位有关人员及农村用户在使用本规范时能正确理解和执行条文规定,《农村住宅电气工程技术规范》编写组按章、节、条顺序编制了本规范条文的说明，对条文规定的目的、依据以及执行中需注意的有关事项进行了说明。但是，本条文说明不具备与规范正文同等的法律效力，仅供使用者作为理解和把握规范规定的参考。

目　次

1 总　　则

1.0.1　本条阐述了本规范的主要目的及适用范围，通过本规范实现与《民用建筑电气设计规范》JGJ 16—2008 的无缝衔接，解决当前我国无统一的农村住宅电气技术规范的问题。

1.0.2　本条结合民用建筑电气设计规范要求和农村用电安全现状，突出农村自建房电气设备选型、安装、检验等特点，考虑农村用电水平发展，对农村家庭电器设备、农产品加工设备使用、农村居民自备发电设备安装使用等有关安全技术要求进行了统一规范。

2 术 语

本章给出本规范较为重要的 8 个术语的定义。为便于设计、施工等单位有关人员及农村用户在实际应用中便于理解，本章在术语定义中结合当前普遍使用的习惯，同时给出了术语的俗称、简称。

3 基 本 规 定

3.0.1 本条规定了用户在进行导线、开关、插座、剩余电流动作保护装置等电气装置、设备选用时的基本原则。

3.0.2 本条规定用户选用的剩余电流动作保护装置及其他电器设备，应按 GB 13955—2005 第 5.1 的规定执行。

3.0.3 本条规定农村住宅电气装置的安装应遵守的基本原则。

3.0.4 本条规定农村住宅电气装置安装（改造）工程的承揽人的资质要求和安全责任。承装、承修、承试受电工程的单位，除具备相应施工资质外，必须取得电力管理部门颁发的"承装（修、试）电力设施许可证"，在用户受电装置上作业的电工，必须取得电力管理部门颁发的"电工进网作业许可证"。

3.0.5 本条按 GB 50150—2006 第 24.0.1.1、GB 50057—2010 第 3.2.1 的规定制定。

3.0.6 本条规定农村住宅电气装置安装完毕接电前，应经自检验收和供电企业检验合格，以便逐步规范和提高农村住宅电气安装工作质量，把好农村用电安全的第一道关口。

4 电 源 引 入

4.1 电 源 进 线

4.1.1 考虑到铜芯导线的优点，鼓励首先采用铜芯绝缘线作为入户电源的引线。电源进线最小截面的确定，是考虑到当前我国农村用电一般水平以及用户负荷的增长趋势和提高电能质量的需要。对于大部分农村地区，由于用电负荷较小，为减少投资，最小截面可降低到 4mm²，可以满足较长时期的用电需求。对于农村偏远地区、居住分散用户，因用电负荷偏低、布线较为困难，采用 10mm² 以上绝缘铝芯导线经运行实践证明可以满足其用电需求，且造价较低。

本条按 GB 50096—2011 第 8.7.2、DL/T 499－2001 第 9.3.7、第 9.3.11、第 7.3.1、第 9.3.10 的规定执行。

4.2 配 电 装 置

4.2.1 配电箱安装高度的确定是从安全角度考虑，主要是为了避免儿童接触，防止小动物、雨水进入箱体。

4.2.2～4.2.8 按 GB 50096—2011 第 8.7.2、第 8.7.3、第 8.7.2 的规定执行。

5 接地及接零保护

5.0.1 原国家经贸委发布的《农村低压电力技术规程》DL／T 499—2001 中规定了农村低压电力网接地方式宜采用 TT 系统，故接入此系统的农村居民住宅配电网宜采用同一接地方式。

　　在 TT 系统中，当受电设备共用同一接地保护装置时，所有外露可导电部分必须用保护线与共用的接地极连结在一起（多层住宅通过与保护接地母线、总接地端子相连来实现）。接地装置的接地电阻要满足单相接地故障时，在规定时间内切断供电电源的要求，或使接触电压限制在 50V 以下。

5.0.2 本条要求户内接地装置按照 DL／T 499—2001 第 11.5.3b、JGJ 16—2008 第 12.6.1.2 的规定执行。

5.0.3 本条规定了利用地下金属管线等自然接地体的使用原则和要求。

5.0.4、5.0.5 规定了保护线与接地装置以及户内所有设备外露可导电部分、电源插座的保护接地的连接原则及要求。

5.0.6 本条规定了保护线选用按照 GB 50054—2011 第 3.2.14.3.2 的规定执行。

5.0.7 本条规定了保护线的敷设要求。

5.0.8 本条规定了灯具、开关、插座等设备的非带电金属部分与保护线的连接原则。

6 剩余电流动作保护装置

6.0.1 本条规定了用户安装使用漏电保护器的基本原则,按照 GB 13955—2005 第 4.4.2 的规定执行。

农村低压电网分级装设剩余电流动作保护装置(漏电保护器)是减少或防止发生人身触电伤亡事故的有效措施之一,也是防止由漏电引起电气火灾和电气设备损坏的重要技术措施。安装漏电保护器后,仍应以预防为主,并应同时采取其他各项防止触电和电气设备损坏事故的措施。

6.0.2 本条规定了剩余电流动作保护装置的装设基本要求。

6.0.3 本条规定了不带过电流保护功能,且需辅助电源的剩余电流动作保护装置(电子式保护器)的安装要求。

6.0.4 本条规定了剩余电流动作保护装置的接线方向原则。

6.0.5 本条规定了安装剩余电流动作保护装置时,零线(N)的几种连接原则。

6.0.6 本条规定了特殊情况下用户采用保护线接电源中性线时的连接措施和要求。

6.0.7 本条规定了剩余电流动作保护装置的安装场所基本要求。

7 户 内 布 线

7.0.1 本条规定了农村住宅用户的户内导线布线方式。

7.0.2 本条规定了户内布线应遵守的基本原则。

7.0.3 本条按照 DL/T 499－2001 第 6.2.10 的规定执行。

7.0.4 本条规定了直敷布线的措施，按照 JGJ 16—2008 第 8.3.2、第 8.3.3 的规定执行。

7.0.5 本条规定了塑料槽板布线的措施，按照 GB 50303—2002 第 3.4.3、第 3.4.5、第 3.4.8 的规定执行。

7.0.6 本条规定了明敷布线的措施，按照 JGJ 16—2008 第 8.2.2、第 8.2.3 的规定执行。

7.0.7 本条规定了导管布线的措施，按照 JGJ 16—2008 第 8.4.5、第 8.4.3、第 8.4.8、第 8.7.9，GB 50303—2002 第 2.1.7，GB 50575—2010 第 4.1.7，GB 50168—2006 第 3.0.5 的规定执行。

7.0.8 为规范农村住宅线路布放、连接，安全用电，便于识别和维护，本条对户内选用导线绝缘层的颜色进行了规定。在线路布放、连接和维护中，仍应首先采取验电、接地等保证安全的措施。

本条按照 GB 50575—2010 第 5.1.1 的规定制定。

7.0.9 本条规定了导线与电器端子连接的基本要求。

7.0.10 本条按照 GB 50303—2002 第 18.1.2 的规定制定。

8 插座、开关安装

8.0.1 本条规定了户内插座的安装要求，按照 GB 50617—2010 第 5.1.3.2、JGJ 16—2008 第 25.5.4 的规定执行。

8.0.2 本条规定了潮湿场所插座的选用要求。

8.0.3 为规范农村住宅户内插座线路的连接和安全用电，便于识别和维护，本条规定了农村大量使用的单相插座的接线方式和插座的保护接线方式。

8.0.4 为便于安装、检验、维修、更换，本条规定了开关应控制相线，同一户内的开关宜采用同一系列的产品。开关的通、断位置应一致。

8.0.5 本条按照 GB 50303—2002 第 3.2.2 的规定制定。

8.0.6 运行实践证明，由于农村用户安全意识不足和麻痹大意，因装设软电线引至床边的床头开关、插座等，触电造成人员伤亡和失火导致财产损失的安全事故较为常见，本规范在此对上述现象提出了严格禁止的要求。

8.0.7 本条对暗装的插座、开关的专用安装盒进行了规定。

8.0.8 考虑到当前农村用户使用移动式农产品加工用电设备以及电热水器、电取暖设备等大功率设备的情况较为普遍，本条对移动式用电设备和电热水器等用电设备使用的插座提出了要求。

9 自备电源使用

9.0.1、9.0.2 考虑到当前农村用户使用小型 UPS 不间断电源的情况较为普遍，以及屋顶式太阳能发电等开始涌现的复杂情况，参照《农村安全用电规程》DL 493—2001 规定，要求用户自备电源和不并网电源的使用和安装应符合国家电力技术标准和有关规程的规定。凡有自备电源或备用电源的用户，在投入运行前要向供电企业提出申请并签订协议，必须装设电网停电时防止向电网反送电的安全装置（如联锁、闭锁装置等）。

9.0.3 本条规定了自备发电机等小型电源与电网电源的切换使用方式，旨在防止和杜绝户内电源向公用低压电网反送电的情况发生。

9.0.4 本条规定了用户使用逆变电源应遵守的原则。

9.0.5 《农村安全用电规程》DL 493—2001 规定，凡需并网运行的农村电源必须依法与电力企业签订《并网协议》后方可并网运行。且按照原国家电力工业部颁布的《供电营业规则》规定，用户自备电源不得私自将电力向其他用户供电。

10 安 装 及 使 用

10.0.1 本条按照《农村安全用电规程》DL 493—2001，对农村用户规定了电力使用应遵守的基本原则。

10.0.2 本条规定了户内电器装置及其安装质量的基本要求。

10.0.3 本条规定了用户自有产权用电装置及户内配线的日常维护基本要求。

刮开涂层
查询真伪

155123.2

定f

ICS 29.240.01
F 24
备案号：J2008—2015

中华人民共和国电力行业标准

P DL／T 5717－2015

农村住宅电气工程技术规范

Technical code for electrical engineering of
rural residential buildings

2015-04-02 发布　　　　　　2015-09-01 实施

国家能源局　　发布